ÁPIS DIVERTIDO

MATEMÁTICA

● ESTE MATERIAL PODERÁ SER DESTACADO E USADO PARA AUXILIAR O ESTUDO DE ALGUNS ASSUNTOS VISTOS NO LIVRO.

NOME: _____ TURMA: _____

ESCOLA: _____

Cubo (página 43)

Montado:

Dobre
Cole

três 3

Paralelepípedo ou bloco retangular (página 43)

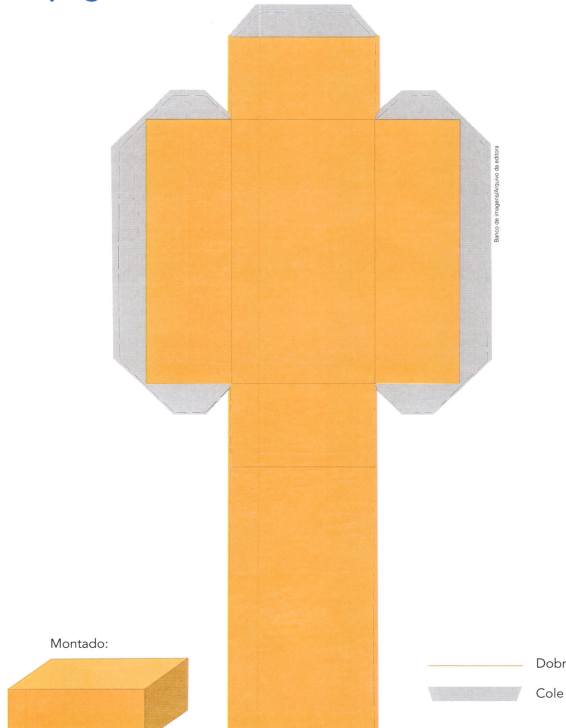

Montado:

———— Dobre

▬▬▬▬ Cole

cinco 5

Prisma de base triangular (página 43)

Montado:

———— Dobre

▱ Cole

Pirâmide de base quadrada (página 43)

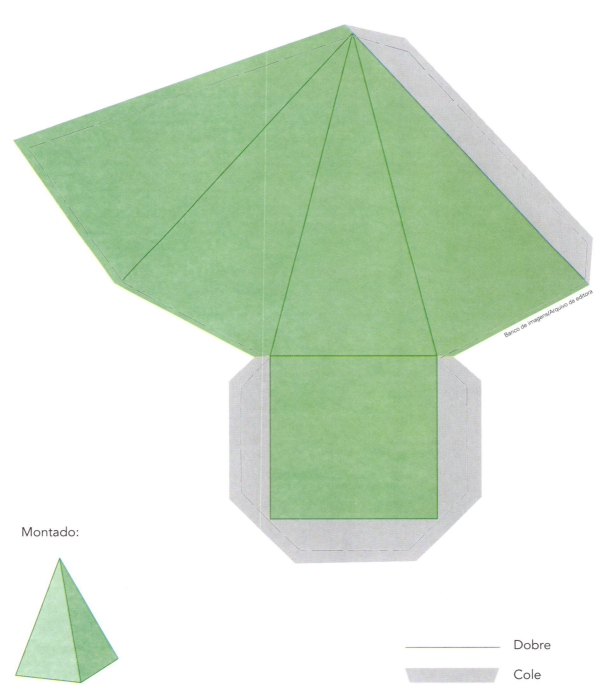

Montado:

— Dobre
▢ Cole

nove 9

Cilindro (página 43)

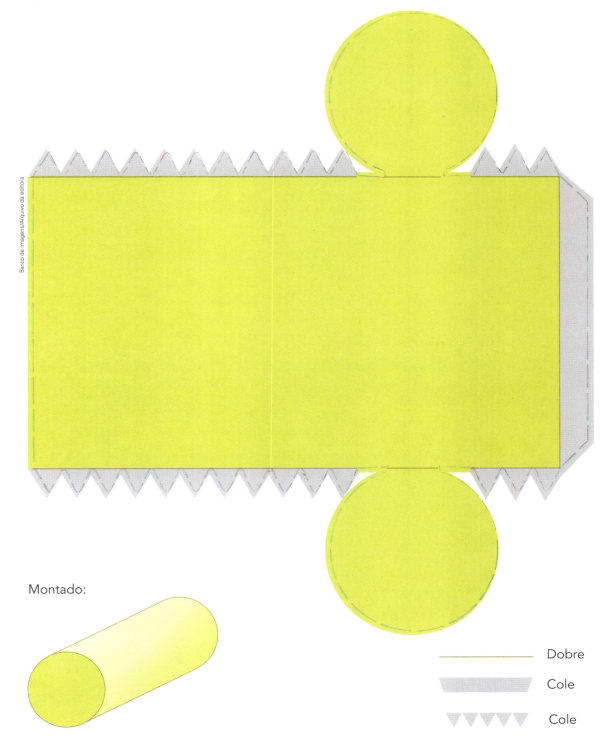

Montado:

――――― Dobre

▭▭▭ Cole

▼▼▼ Cole

onze 11

Cone (página 43)

Montado:

 Dobre

Cole

 Cole

treze 13

Prisma de base hexagonal (página 43)

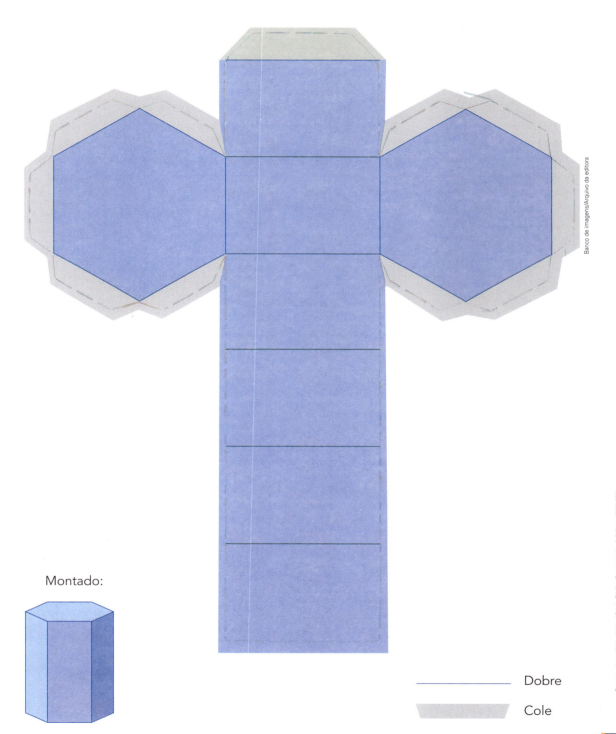

Montado:

—— Dobre
▬▬ Cole

quinze 15

Pirâmide de base pentagonal (página 43)

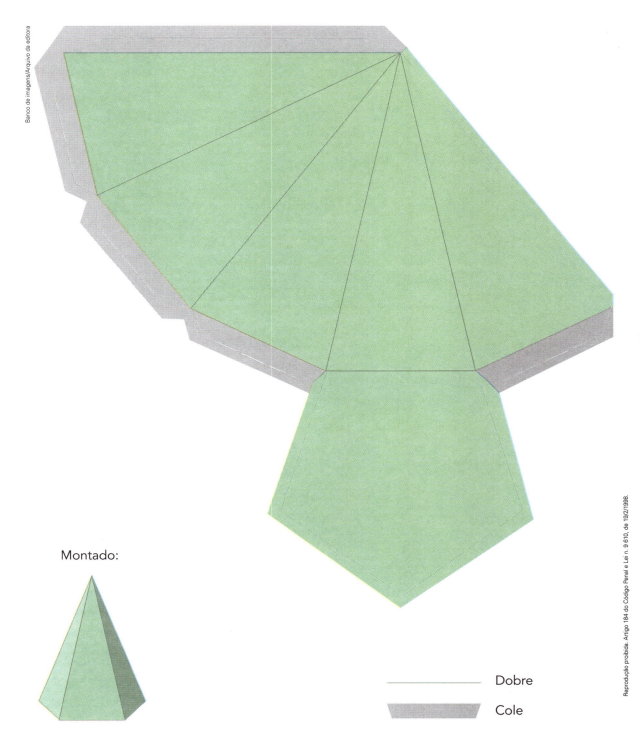

Montado:

——————— Dobre

▬▬▬▬▬▬ Cole

Octaedro (página 43)

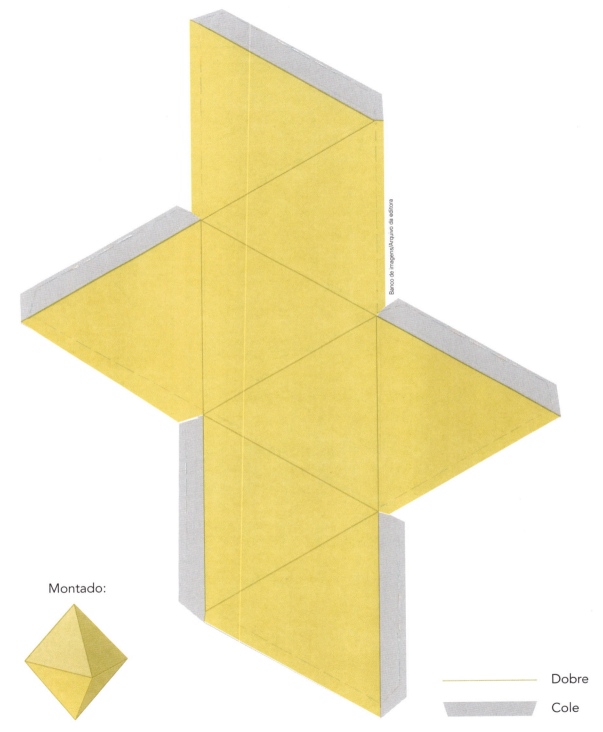

Montado:

——— Dobre
▬▬▬ Cole

Tiras (página 191)

Envelope para as tiras (página 191)

Guarde aqui suas tiras e escreva seu nome.

Nome:

───── Dobre

▭ Cole

Montado:

vinte e três 23

Hastes (página 248)

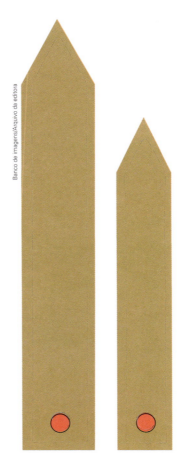

Região quadrada (página 356)

Malha quadriculada (página 337)

Malha quadriculada (página 341)

Malha quadriculada (página 342)